# 低碳生活手册·家

主编　喻捷　吴景山

中国环境出版社·北京

图书在版编目（CIP）数据
低碳生活手册·家/喻捷，吴景山主编.—北京：中国环境科学出版社，2009.4（2014.4重印）
ISBN 978-7-80209-980-7

Ⅰ.低… Ⅱ.①喻…②吴… Ⅲ.节能—基本知识 Ⅳ.TK01

中国版本图书馆CIP数据核字（2009）第045803号

出版人 王新程
责任编辑 丁 枚 孟亚莉
版式设计 杨曙荣
封面设计 水下制作·周 洋

---

出版发行 中国环境出版社
（100062 北京市东城区广渠门内大街16号）
网 址：http://www.cesp.com.cn
电子邮箱：bjgl@cesp.com.cn
联系电话：010-67112765（编辑管理部）
发行热线：010-67125803，010-67113405（传真）
印 刷 北京中科印刷有限公司
经 销 各地新华书店
版 次 2009年4月第1版
印 次 2014年4月第3次印刷
开 本 787×1092 1/32
印 张 3
字 数 40千字
定 价 10.00元

---

主编　喻 捷　吴景山

参加编写人员　昂 莉　陈冀良　李 昂　王宇明　陈 叶

插图　红 茶

资助

中国终端能效项目

中国民间气候变化行动网

# 前言

人类文明进步的同时，也给地球带来了大气和水的污染、生物多样性消失、沙漠化、温室效应等各种灾难。如果按照现在的发展模式，人类的未来将不可持续。在各种环境灾难中，气候变化已成为公认的最大挑战之一。随着温室气体持续增量排放，冰川逐渐融化，极端气候事件频频发生，气候变化不仅威胁地球生物圈，也将对水资源、粮食安全等人类生存的根基造成巨大冲击。

我们，生活在地球上的每个人都有不可推卸的责任。因为，每个人都是碳排放的制造者，也是减少碳排放的希望所在。而在全社会的总能耗中，与个人息息相关的主要是建筑能耗。据估算，目前我国建筑能耗约占全社会终端能耗总量的25.5%。在未来居住条件改善和城市化进程中，这个比例还会持续上升到40%左右。

这本《低碳生活手册·家》，向读者介绍的就是在个人居住生活中，采取有关减少碳排放和实现低碳生活的方法，探讨选择购买低能耗的建筑，装修自己的节能居室，选择节约型的家电及其使用方法，帮助读者在日常生活的小事中做好节能减排。本手册中所有能耗计算分析数据为典型案例情况分析，仅供参考。

尽管，实现低碳经济很大程度上还需要政府的政策推动和产业界的积极配合，但是个人作为终端的消费者，其力量绝对不可小视。不论出于经济利益，还是尽一个地球公民的环境责任，个人了解在居住生活上的节能知识和行为方式都是有益的。留心学习、观察和实践就会对环境贡献良多。个人的能源节约空间虽有限，但水滴石穿，贵在持之以恒。

编者

2008年11月

# 目录

## 第三篇　家居节能

# 鸣 谢

国家发展和改革委员会

住房和城乡建设部

联合国开发计划署

全球环境基金会

德国海因里希伯尔基金会

世界自然基金会

北京富平学校

中华环保联合会

绿色和平

北京节能环保中心

北京立升茂科技有限公司

# 引 言

十年前，在政府间气候变化委员会（IPCC）第三次报告中，全球的科学家们仍认为，大西洋冰架崩塌的可能性还是相当低的。但是最近的研究发现，大西洋的海冰正在戏剧性地加速融化。

近十年来，北极海冰面积以每年10万平方公里的速度在减少。与十年前相比，2007年北极冰层融化速度加快了10倍，创下历史之最。由亿万年前形成的坚厚冰层覆盖的北极周边仅剩约1 126公里的海面。新的研究显示，在21世纪中期到来之前，我们将在夏季看到一个完全无冰的北冰洋。

坏消息越来越多，而且来得越来越快！随着北极冰山消融，北极熊捕食越来越难。2008年夏天，科考人员在北极发现，北极熊如果要游到下一块浮冰上猎食，需要游过644公里水域。北极熊种群的体重与原来相比已明显减轻，其种群存活的可能性越来越小。

北极只是地球的一个缩影！2007年政府间气候变化委员会的报告引起了全球的震惊。

(1) 最近50年以来，全球平均温度的升高很可能是由于过多的人为温室气体浓度增加导致的。

(2) 可以预测，未来100年，全球地表温度可能会升高1.6～6.4℃。在此背景下，很可能会发生一些突然事件或不可逆转的影响，包括：极地冰盖融化，造成海平面上升数米，淹没或改变低洼地区海岸线分布，20%～30%的物种会因为气候变暖进一步增加灭绝的危险性。

(3) 飓风、暴雨、干旱等极端性气候将会频繁发生，且更加剧烈。

我国是一个环境相对脆弱的国家。在过去50年里，全国平均气温升高了1.1℃，升温的速度高于全球或北半球同期的平均速度，降水量和雨水分布也发生了比较大的改变。未来，气候变化还将带来更加严重而深远的影响，集中体现在水资源和荒漠化、农业和粮食安全、海岸和海平面、公共健康等方面。

## 水资源和荒漠化

➤ 气候变化使得全国水资源供需矛盾不断增加，尤其是华北、西部等缺水地区。随着经济和人口的增长，这一矛盾日益加剧。

➤ 近年来，北方地区水资源量明显减少，其中，黄河、淮河、海河和辽河区最为显著，水资源总量减少了12%。

➤ 自20世纪60年代以来，随着气候变暖变干，华北部分地区的土地荒漠化趋势加重。

➤ 与此同时，西部地区82%的冰川正在退缩。长江、黄河等主要江河发源于青藏高原的冰川，随着冰川融水资源逐

渐耗尽，我国的水资源供给会受到长期威胁。

## 农业和粮食安全

➤ 农业生产对气候变化非常敏感，气候变化导致了农业生产不稳定因素的增加，高温、干旱、虫害等因素都可能导致农业减产。如果不采取积极有效的措施，到2030年，我国种植业生产能力在总体上可能会下降5%～10%；到21世纪后半期，小麦、水稻、玉米三大农业作物产量均会下降，最多可下降37%。

➤ 气温升高会导致农业病、虫、草害的发生区域扩大，危害时间延长，作物受害程度加重，从而增加农业和除草剂的施用量，影响粮食安全。

海平面上升

➤ 半个世纪以来，我国沿海地区海平面平均每年上升2.5毫米，50年上升了12.5厘米。预计到2100年，华南海平面的上升范围可达60～74厘米。

➤ 海平面上升不仅会加大沿海低地的淹没面积，逐渐淹没沿海城市的生活和工作区。同时，也会加重河口地带盐水入侵，加剧海岸侵蚀，还会对滨海湿地、红树林和珊瑚礁生态系统造成破坏，进而对沿海渔业带来不利影响。面临洪灾、海水入侵、土地侵蚀流失、强热带风暴的威胁，人口密集、经济发达的长三角、珠三角、黄河三角洲的城市群是最脆弱的地区。

➤ 多年来，我国沿海强热带风暴造成的经济损失占相应年份全国GDP的比例平均为0.25%，2006年是近十年来台风和强热带风暴伤亡最严重的年份，直接经济损失达699亿元，占全国GDP的0.34%。

公共健康

➤ 由于热浪频率和强度增加，心血管病、中暑等疾病发生的程度和范围也会随之加大。疟疾、登革热等热带流行疾病的发生和传播的机会与范围也会增大。此外，随着洪涝灾害加剧，灾后的感染性腹泻，如霍乱、痢疾等病例也会增加。

➤ 气温升高使疫区扩大，受威胁人口也会相应增加。例如，有研究预测在未来二氧化碳浓度加倍的条件下，全国鼠疫疫源地的面积将增大40%左右。

为此，人类必须立即着手减少温室气体排放，在1997年达成的《京都议定书》基础上加快步伐。全球排放应在未来10～15年内达到顶峰，并且逐年下降。到2050年，全球排放应在1990年的基础上减排50%。

这些目标的实现，需要政策推动。但是仅有政策是不够的，生活方式的最终改变还需要全民意识和全民行动。

居住、出行、日常消费，这些都包含着碳排放，都是我们的生活方式所致。据资料显示，全球碳排放中有三分之一来自建筑物的能源消耗。这其中，三分之二来自私人住宅，其余的来自公共建筑。在发达国家，建筑能耗几乎占到能源排放的一半。在中国，这个比例正逐年攀升，目前已占到总能耗的四分之一。

# 第一篇

# 了解节能建筑

# 1. 建筑节能

根据能源专家的测算，在所有的节能措施中，建筑节能是最有经济效益，减排成本是最低的，所以也应该是最先采取行动的领域。

建筑节能，简单地说就是减少建筑物能源消耗，提高建筑物能源利用效率。根据《民用建筑节能条例》，建筑节能是指在保证建筑使用功能和室内热环境质量的前提下，降低其使用过程中能源消耗的活动。因此，这里说的建筑用能是狭义的概念，仅包括建筑物使用过程中的能耗，如采暖、空调、照明等方面的能耗，而不包括广义的建筑材料生产、建筑施工等几方面的能耗。建筑能耗，与工业、农业、交通运输等能耗并列，属于民生能耗。

## 2. 认识建筑能耗

建筑能耗主要由家用电器消耗的电力、炊事器具消耗的燃气和采暖热力等组成，在城乡也有一些家庭直接用煤作为能源。

电能，在使用过程中没有污染，广泛应用于城市生活。但与此同时，发电产生的间接污染对当地影响很严重，目前我国电力至少八成来自燃煤电厂。在电厂发电过程中，会排放出大量的温室气体和影响公众健康的污染物。与燃烧天然气和石油相比，煤的热值是最低的，所以排放的温室气体也相对最多。

燃气，主要包括天然气和液化石油气。目前多数城市居民以燃气作为炊事用能。

燃煤，有一些家庭采用煤作为炊事用能，北方地区很多家庭也用煤作为采暖用能。

热力，北方地区采暖能耗约占建筑总能耗的四分之一以上，主要来自市政热力和小区自备锅炉房。市政热力主要来源于大型区域供热厂或热电厂。

这些能源合并起来，就是一般居民的建筑能耗。需要说明的是，个人通常无法选择一个小区的能源种类，但可以进行适当的调整。比如可以利用电采暖替换采暖煤炉，利用电热水器替换燃气热水器。建筑的能源使用效率越低，实现相同的使用要求，需消耗的能源就越多，排放的温室气体也多。这就是我们所指的建筑能源效率。

# 3. 中国与西方建筑能耗的差别

事实上，我国目前虽然发布了居住建筑和公共建筑节能标准，但很多地区只是部分执行，农村地区甚至完全没有执行。从现状来看，各地单位建筑能耗水平普遍较高，外墙能耗与发达国家相比差距为4～5倍，屋面能耗相差2.5～5.5倍，外窗能耗相差1.5～2.2倍，门窗气密性相差3～6倍。

另外，发达国家在提高采暖锅炉和管网热效率的同时，采暖系统普遍采用室温可调和热计量设施。相比之下，我国普遍采用一根暖气管上下串联散热器的做法，导致室温不平衡，无法分户计量和调节居民用热，能源使用效率偏低。

调查表明，通过调节室温的方法，具有一定的节能效果。对于居民自发安装的空调，培育使用“人在机开、人走机关”的生活模式，养成随时关灯的习惯，与24小时常开的大楼中央空调系统相比，节能效果具有较大的差别。

<猜一猜>差距有多大

| 部分时间，部分空间使用 | 全时间，全空间使用 |
|---|---|
| 分户、分时、分温供暖 | 24小时全空间供暖 |
| 根据使用用途，变频空调 | 24小时恒定功率空调 |
| 智能控制照明、用水 | 长明灯、长流水 |
| 能耗相差几倍？ 3倍！ | |

建筑能耗的差别除了技术原因，也有相当一部分是对舒适度的追求程度不同所致。例如，冬季究竟怎样的室温是适当的，是否是全天24小时使用温控设备，是否在建筑物内部全空间启动温控设备等。目前，我国的节能建筑基本都是按照全空间、全时间的思路设计的。因此，即使采用了先进的技术，但是能耗仍比传统建筑高得多。这是两种不同的发展思路，需要大家来判断、分析并实践。如果中国按照全封闭的西方模式发展节能建筑，那么将来无论在经济上还是环保上代价都将是巨大的。

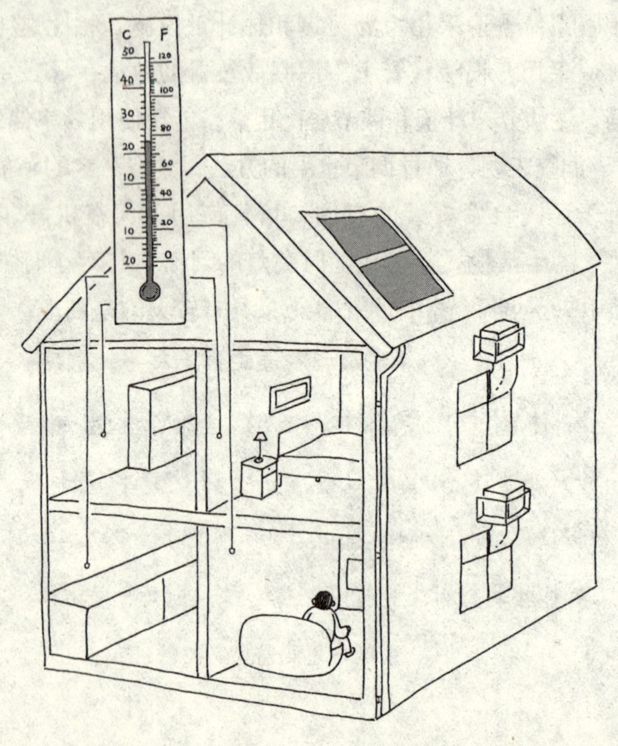

# 4. 2020年的建筑能耗

21世纪前20年，是中国建筑业的鼎盛时期，2020年全国房屋建筑面积将接近2000年数量的2倍。目前，中国每年建成的房屋面积高达16亿～20亿平方米，超过所有发达国家年建成建筑面积的总和。随着居民收入水平的提高，建筑能耗必然保持高速增长，但其增长速率将与与建筑节能的进展有密切的关系。如果按照目前的建筑能耗水平发展，到2020年，我国建筑能耗将达到10.89亿吨标准煤，超过2000年的3倍，空调高峰负荷将相当于10个三峡电站满负荷出力，将对能源供应造成巨大压力，并形成对环境和资源的巨大影响。

相反，如果立即对新建建筑全面强制实施建筑节能设计标准，并对既有建筑有步骤地推行节能改造，那么到2020年，我国建筑能耗可减少3.35亿吨标准煤，空调高峰负荷可减少约8 000万千瓦时，由此造成的能源紧张状况必将大为缓解。

**中国2020年建筑能耗预测结果（万吨标准煤）**

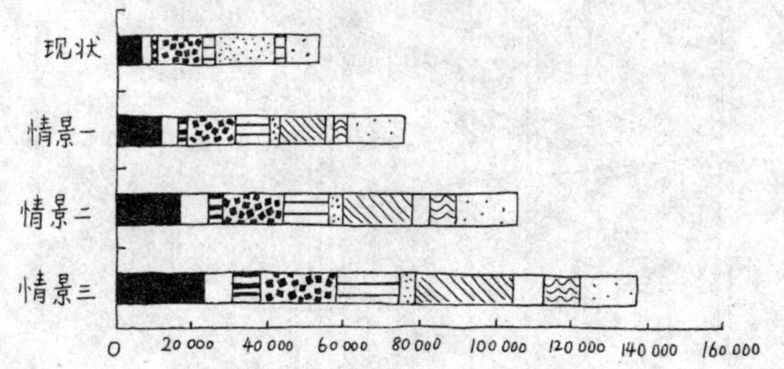


■ 城镇住宅电 □ 城镇住宅热 ⊟ 长江流域采暖 ▦ 北方城镇采暖 ⊟ 农村电耗
▨ 农村炊事 ▧ 农村北方采暖 □ 农村南方采暖 ▨ 大型公建 □ 一般公建

# 5. 节能建筑

（1）建筑用能包括哪些？

建筑用能指建筑使用过程中消耗的各种能耗，包括采暖、空调、通风、热水、炊事、照明、家用电器、电梯和建筑有关设备等方面的能耗。从能源品种看主要包括电、水、气、煤、油、市政热力、可再生能源等。

（2）什么是节能建筑？

建筑节能就是要在保证和提高建筑舒适性的条件下，通过合理设计，不断提高能源利用效率，从而降低对化石燃料的消耗和依赖，达到节约能源和保护环境的目的。国家出台了一系列建筑节能设计标准。节能建筑是指按节能设计标准进

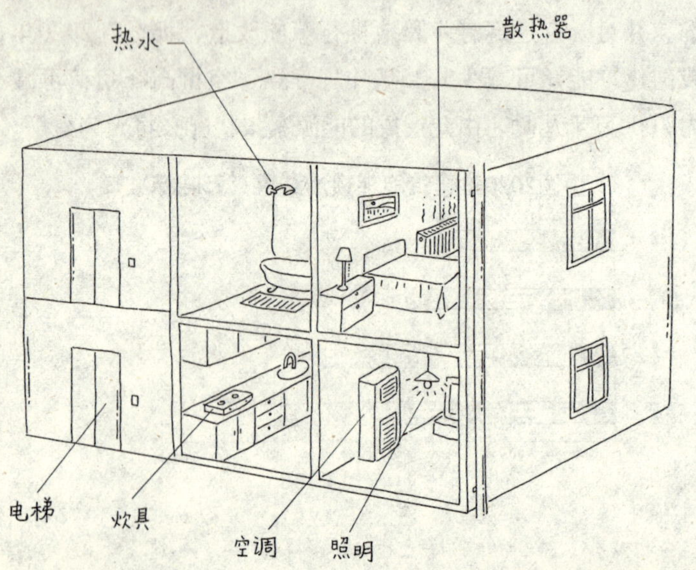

行设计和建造，在使用过程中可以降低能耗的建筑。

节能建筑的特点：

➤ 充分利用自然能源

➤ 提高建筑围护结构的保温隔热性能

➤ 采用高效能的设备和设施

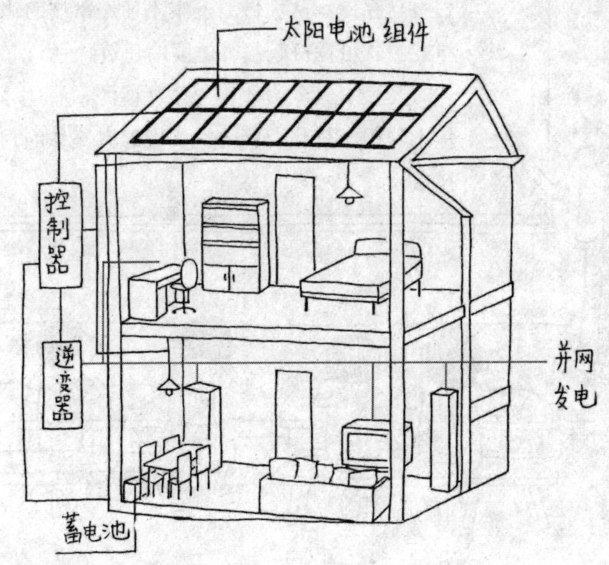


（3）充分利用建筑空间也是节能

从某种意义上讲，节能建筑还包括建筑物功能的充分利用。消费者应根据需要适度选择建筑功能和规模，比如利用人均建筑面积和人均能耗来衡量。比如一个普通3口之家选择300平方米的住宅，与选择同样的100平方米住宅，其能耗差异显著。

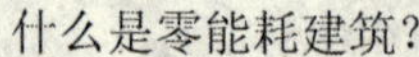

## 什么是零能耗建筑？

零能耗建筑是通过对建筑外墙、外门窗、屋顶、地面采取有效的保温隔热设施，充分利用建筑自有得热和可再生能源，如太阳能、电器发热、废热水的热回收等的有效利用与存储，从而做到基本不使用常规的化石能源就可保持较高舒适度的建筑。

零能耗建筑并不是不消耗能源，而是尽量不使用常规化石能源，实现温室气体的零排放。

# 6. 节能建筑是否一定增加投资

（1）节能建筑会使初始成本增加。

根据英国工料测量师的测算，节能建筑的初始成本要比传统建筑高5%～10%。建筑开发商要考虑的是建筑施工成本（短期成本），如果按照这个观点来考虑，只有很少或者几乎没有开发商会采取建筑节能措施，因为节能建筑要求使用质量较好的建筑材料，性能更好的设备，并且施工程序复

杂，因此成本无可避免地比其他非节能建筑要高。这样开发商和施工承包商就倾向于使用传统施工，因为这样可以节省投资，这时候的开发商只关心销售收入和巨额的利润，不再关注建筑能耗。但是在建筑整个生命期内，业主则需要更多的钱来支付增加的能耗和建筑维修上。

因此，建筑节能主管部门一方面要制定强制性的措施并对开发商进行有效监督，另一方面是为消费者提供节能信息，如给消费者提供可以信赖的建筑能效标识，帮助消费者识别节能建筑。否则，仅仅靠市场是无法完成这个任务的。

（2）从长期来看，增加少量的初投资成本，甚至不增加成本，也能获得长期的节能效益。

美国的经验证明：按新的节能设计标准施工的建筑在不增加成本的基础上节能30%或者更多。世界银行资助的“提高既有建筑能效项目”提出，在基本不增加成本的基础上可以实现节能20%～25%的目标。因此国家节能50%的设计标准目标，是将节能的增量投资控制在土建成本的10%以内。

## 7. 关注节能建筑的价值

房地产开发商总是把短期经济效益放在首位，对他们而言，节能和环保往往只是一种促销手段，因而缺乏长期对节能建筑和相关产品、材料的投资动力，直接影响到把潜在需求转化为现实需求。而消费者在购买房屋时关注的主要是户型、房屋位置、小区环境等显而易见的指标，对节能环保等隐藏的指标给予的关注较少。根据测算，节能建筑的初投资（在扣除因节能而减少的投资前）基本都少于100元，节能建筑的投资增量基本占土建成本的5%～8%。

尽管如此，消费者仍然可以根据一定的知识对建筑能源效率进行判断。从长远来看，政府授权的建筑能效标识，将更加便于购买到节能建筑和低碳住宅。

# 8. 节能建筑对居住者的经济效益

对消费者而言，节能必须省钱才有意义。节能不能省钱的事则需要政府来推动。其实，节能能给消费者带来不小的经济效益。

| 用能环节 | 节能住宅（节能65%） | |
|---|---|---|
| 空调用电 | 制冷量：3台2 300瓦<br>运行时间：530小时 | 每年1 320千瓦时，<br>相当于660元 |
| 供暖用热 | 集中供热（燃煤） | 1 599千克煤，<br>相当于640元 |
| 供暖用热 | 集中供热（燃气） | 730.6立方米天然气，<br>相当于1 425元 |
| 供暖用热 | 户用燃气炉 | 657.8立方米天然气，<br>相当于1 283元 |

注：1. 空调均采用工频空调进行比较，对于选择节能空调的好处在节能装修部分介绍。

2. 由于目前集中供热仍采用按建筑面积收费的方式，不能给消费者带来直接的经济效益，但按照供热体制改革的方向是按热量收费。

我们举一个例子，北京某住宅小区一套130平方米的新建节能住宅（节能65%）和同样类型的一套非节能住宅（节能50%）进行比较：空调用电可以节约26.3%，供暖用能可以节约29%左右。相比情况如下表所示。

| 非节能住宅（节能50%） | |
|---|---|
| 制冷量：2台2 300瓦，1台2 500瓦<br>运行时间：700小时 | 每年1 792千瓦时，<br>相当于896元 |
| 集中供热（燃煤） | 2 262千克标准煤，<br>相当于905元 |
| 集中供热（燃气） | 1 027立方米天然气，<br>相当于2 003元 |
| 户用燃气炉 | 923立方米天然气，<br>相当于1 800元 |

3. 若采用户用燃气炉，则消费者可以直接获得节能效果。
4. 计算价格：电费按0.50元/千瓦时，燃煤按400元/吨，供暖天然气按1.95元/ 立方米计算。

# 9. 节能建筑还有意想不到的惊喜

通过提高建筑物保温性能，可以减少散热器的投资。如北京的住宅小区，由于节能措施使得建筑物的采暖耗热量大量减少，因而建筑物散热器的投资可以减少约15元/平方米。

由于墙体材料革新与建筑节能手段的应用，可以增加室内使用面积。以长春某住宅小区为例，外墙厚度从传统的砖混490毫米减为260毫米，内墙由240毫米减为190毫米，墙体变薄，增加了8%～10%的有效使用面积。

# 10.《节约能源法》中与消费者相关的内容

**新修订的《节约能源法》中关于建筑节能的内容与原来有何不同?**

新修订的《节约能源法》中专门增加了“建筑节能”一节，共七条，对主要的建筑节能管理制度、重点要抓的工作任务以及政府主管部门、房地产开发商、设计施工监理单位对建筑节能应负的法律责任，以法律条文予以规定。

**房地产开发企业是否有义务向购买人提供建筑节能相关信息?**

《节约能源法》第三十六条规定，房地产开发企业在销售房屋时，应当向购买人明示所售房屋的节能措施、保温工程保修期等信息，在房屋买卖合同、质量保证书和使用说明书中载明，并对其真实性、准确性负责。

**我国供热计量收费制度改革的方向?**

国家将采取措施，对实行集中供热的建筑分步骤实行供热分户计量，按照用热量收费的制度。新建建筑或者对既有建筑进行节能改造，应当按照规定安装用热计量装置、室内温度调控装置和供热系统调控装置。

**国家对违反建筑节能标准行为的处罚?**

《节约能源法》第七十九条规定，建设单位违反建筑节能标准的，由建设主管部门责令改正，处20万元以上50万元以下罚款。设计单位、施工单位、监理单位违反建筑节能标准的，由建设主管部门责令改正，处10万元以上50万元以下罚款；情节严重的，由颁发资质证书的部门降低资质等级或者吊销资质证书；造成损失的，依法承担赔偿责任。

# 11.《民用建筑节能条例》中与消费者相关的内容

2008年8月1日颁布的《民用建筑节能条例》对民用建筑在使用过程中如何降低能源消耗，提高能源利用效率作出了具体的要求：

➤ 在具备太阳能利用条件的地区，有关地方人民政府及其部门应当采取有效措施，鼓励和扶持单位、个人安装使用太阳能热水系统、照明系统、供热系统、采暖制冷系统等太阳能利用系统。

➤ 国家推广使用民用建筑节能的新技术、新工艺、新材料和新设备，限制使用或者禁止使用能源消耗高的技术、工艺、材料和设备。

➤ 对实行集中供热的建筑进行节能改造，应当安装供热系统调控装置和用热计量装置；对公共建筑进行节能改造，还应当安装室内温度调控装置和用电分项计量装置。

➤ 在正常使用条件下，保温工程的最低保修期限为5年。保温工程的保修期，自竣工验收合格之日起计算。保温工程在保修范围和保修期内发生质量问题的，施工单位应当履行保修义务，并对造成的损失依法承担赔偿责任。

➤ 房地产开发企业销售商品房，未向购买人明示所售商品房的能源消耗指标、节能措施和保护要求、保温工程保修期等信息，或者向购买人明示的所售商品房能源消耗指标与实际能源消耗不符的，依法承担民事责任；由县级以上地方人民政府建设主管部门责令限期改正；逾期未改正的，处交付使用的房屋销售总额2%以下的罚款；情节严重的，由颁发资质证书的部门降低资质等级或者吊销资质证书。

# 第二篇

# 如何选择节能建筑

# 12. 怎样衡量人体舒适度

室内环境是否舒适主要取决于室内小气候，即温度、湿度和风速等。当这些因素综合作用于人体，并处于最佳组合状态时，能使人体产生舒适感，通常称为最佳热舒适。

经验证，热舒适的范围是：冬天温度为18～25℃，相对湿度30%～80%，夏季温度23～28℃，相对湿度30%～60%(风速控制在0.1～0.7米/秒)。在装有空调的室内，温度为

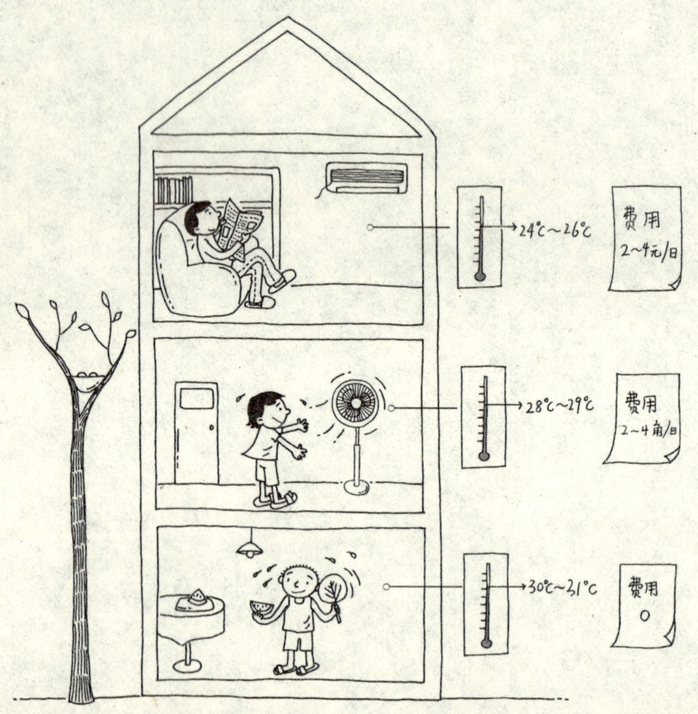

19～24℃，相对湿度40%～50%最舒适。但如果考虑温度对人思维活动的影响，最适宜的温度是18℃，相对湿度40%～90%，在这种室内小气候的环境下，人的精神状态好，工作效率也高。舒适度还与室内外温度差有关，当室内温度比室外温度低10℃时，人的身体就感到不舒服，易患感冒。一般要求室内外温差不应大于7℃。

舒适的室温环境需要消耗一定的能源。最佳的舒适度意味着高昂的能源费用和环境成本。几摄氏度的室温差异可能意味着成倍增长的能耗。夏天少穿些，冬天多穿些，这是人类几千年的不变真理，也是走向低碳生活的有效途径。

因此，仅仅提高能效是不够的，而是需要调整我们的生活习惯，通过个人的努力，减少能源的消耗总量。

家庭实验室　寻找最适于自己的温度环境

| 衣着 | 夏季温度/℃ | | | | | |
|---|---|---|---|---|---|---|
| | 23 | 24 | 25 | 26 | 27 | 28 |
| 汗衫短裤 | | | | | | |
| 长袖睡衣裤 | | | | | | |

| 衣着 | 冬季温度/℃ | | | | | |
|---|---|---|---|---|---|---|
| | 16 | 17 | 18 | 19 | 20 | 21 |
| 保暖内衣裤+羊毛衫 | | | | | | |
| 薄长袖睡衣裤 | | | | | | |

# 13. 考察拟选建筑位置和布局

（1）朝向选择也有节能的内容

住宅（建筑）朝向就是指住宅主要采光面面对的方向。住宅朝向的选择一般以满足采光、日照、通风、规避噪声、防西晒、避免视线干扰和朝向景观为原则，以保证室内的居住质量和室外的环境质量。

消费者在买房时往往很看重朝向，那是因为冬季的日照都是大家向往的，所以人们大多喜欢南向的起居室和卧室。南向对日照来说是较好的朝向。冬季太阳在入射角度低的时候

也能在南面房间有较深的入照深度，从而使南向房间能最大限度地利用太阳能。在夏季由于高入射角，相对东向与西向房间，只有少量的能源进入房间。此外夏季的高角度光照能通过简单的遮阳装置，如横向遮阳板来隔离。

**选择朝向的原则**：国家规定新建住宅每套房子在大寒日（1月20日）至少要能得到两个小时的日照，同时要求冬至日（12月22日）至少一个小时日照。

**朝南的房子也有缺点**：在炎热地区挑选户型时，要尽量避免阳光通过窗户直接照射到室内；还需避免住顶层的房子，因为顶层房子的屋顶接受夏季太阳光直射会导致室内气温过高。如果选择顶层，需要询问屋面保温的厚度。保温厚度直接影响建筑的节能效果。

你是否注意单个房间的朝向？起居室朝南的好处在于阳光和充足的采光有利于聚集人气，使人乐于走出卧室到起居室与家人交往。朝南的卧室各方面条件最好；朝北的卧室没有日照，需要采取措施以达到居住条件；朝东的卧室由于上午的日照不适合上夜班的人居住；朝西的卧室需注意夏季防热。

（2）住宅采光

在选择住宅时，应考虑采光因素。良好的光照环境，也可以实现能源节约。窗户按其所在位置，可分为侧窗和天窗两种。在选择住宅时，应查看不同房间的天然采光效果，尽量减少人工照明。

（3）住宅通风

组织好建筑物室内外春秋季和夏季凉爽时间的自然通风，

不仅有利于改善室内的热舒适程度，而且可减少开空调的时间有利于降低建筑物的实际使用能耗。

在建筑设计中，通常根据建筑周围环境、建筑布局、建筑构造、太阳辐射、气候、室内热源等，来组织和诱导自然通风。在建筑构造上，通过中庭、双层幕墙、风塔、门窗、屋顶等构件的优化设计，来实现良好的自然通风效果。为了获得良好的自然通风，通常可以选择容积率低，板楼等通透的住宅。

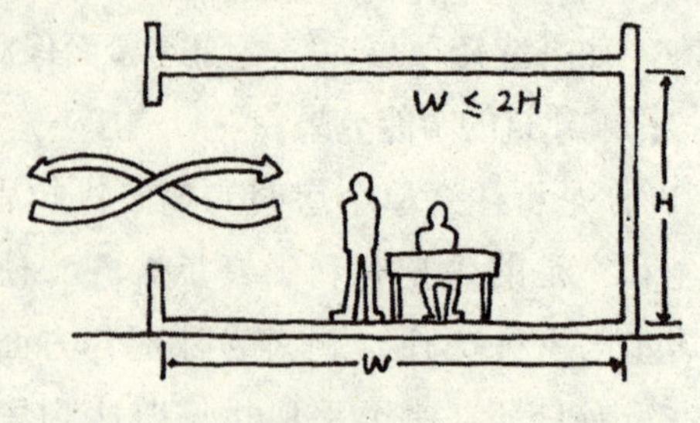

(4) 板楼和塔楼的比较

| | 板楼 | 塔楼 |
|---|---|---|
| 概念 | 指主要朝向建筑长度大于次要朝向建筑长度2倍以上的建筑 | 指长高比小于1的建筑，塔式建筑的各朝向均为长边 |
| 采光通风 | 南北或者东西通透，便于采光通风 | 部分住户或房间的采光、通风、景观等条件比较差的，这样的地方被称为“灰色空间” |
| 用能设备 | 可以不设电梯，不设变频供水系统 | 塔楼内的电梯，需要增加候梯厅、变配电机房 |
| 使用率高 | 使用率通常高达90%以上 | 使用率通常仅为75% |
| 房价 | 低层低密度，容积率较低，价格高 | 节约土地资源，房价较低 |
| 改造空间 | 户内多数墙体承重墙，户型格局不宜改造 | 多采用大框架结构，空间结构灵活，宜于改造 |

| | 板楼 | 塔楼 |
|---|---|---|
| 如何选择 | ●尽可能选择进深短、开间宽的户型。一般来说，低层板楼进深控制在14米以内，高层板楼进深则在18米以内，二居室面宽在6～8米，三居室面宽在10～13米<br>●注意卧室和客厅的日照。在朝向上，正南正北的户型布局一般是：主卧室和起居室朝南，或两个卧室朝南，起居室朝北。作为东西朝向的板楼，则东侧为主要朝向，其他布局规律与南北朝向相同 | ●注重通风和采光。选择直接引入自然通风和采光的楼体，避免黑房间和大进深带来的不利影响<br>●卫生间、餐厅尽量选择明窗，实现自然通风、采光<br>●选择格局和尺度。塔楼的户型比板楼的种类会丰富一些，用户可以根据经济状况进行选择<br>●在面积相近条件下，体形复杂、凹凸面过多的高层塔式住宅的耗热量比高层板式住宅高10%～14% |

## 14. 了解几个概念，助你更好地选房

**容积率**

容积率：项目用地范围内总建筑面积与项目总用地面积的比值。计算公式为：

容积率=总建筑面积÷总用地面积

当建筑物层高超过8米，在计算容积率时该层建筑面积加倍计算。

容积率越低，居民的舒适度越高，反之则舒适度越低。

**体形系数**

在《民用建筑热工设计规范》《夏热冬冷地区居住建筑节能设计标准》的相关条例中都明确指出，体形系数是指建筑物的外表面积和外表面积所包的体积之比。在建筑物各部分围护结构传热系数和窗墙面积比不变条件下，热量指标随体形系数成直线上升。低层和少单元住宅对节能不利。但体形系数过小，将制约建筑师的创造性，权衡利弊，将条式建筑的体形系数定在0.35，点式建筑定在0.4较为合适。

**围护结构的传热系数**

在建筑物轮廓尺寸和窗墙面积比不变条件下，耗热量指标随围护结构的传热系数的降低而降低。采用高效保温墙体、屋顶和门窗等，节能效果显著。

**窗墙面积比**

在寒冷地区采用单层窗、严寒地区采用双层窗或双玻窗条件下，加大窗墙面积比，对节能不利。宜控制在0.35以内。

# 15. 了解建筑保温隔热性能

➤ 你可以从什么地方获取建筑的基本信息？

你可以通过房地产开发商或者房地产销售商获得小区的设计图纸等资料。

➤ 采用高性能门窗，其中玻璃的性能至关重要。

高性能玻璃产品比普通中空玻璃的保温隔热性能高一倍到几倍。即单面镀膜Low-E中空玻璃，其导热系数为1.6瓦/(平方米·开尔文)，保温隔热性能比普通中空玻璃提高一倍。高性能门窗需强调窗框的保温性和密闭性。密闭性较为重要，保证了门窗的气密性，同时能够有效节约能耗并

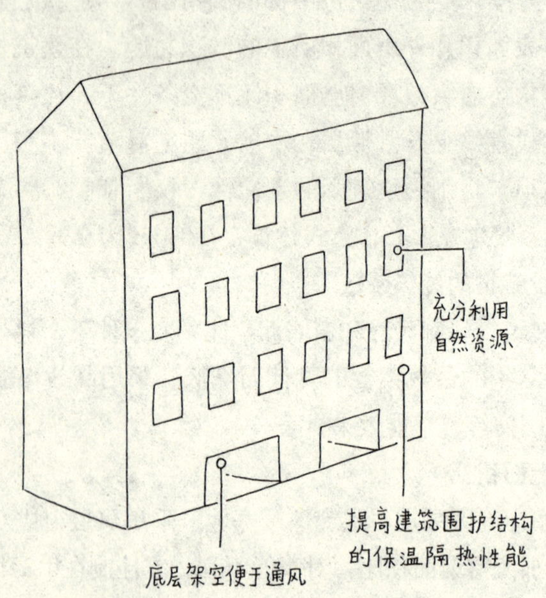

提高舒适度。

窗户有推拉窗、平开窗等不同形式。相比之下，平开窗的密封性能比较好，保温隔热性能优于推拉窗。推拉窗虽然造价便宜，但密闭性和使用舒适性太差，并不适宜应用于低密度住宅产品中。

| | 推拉窗 | 平开窗 |
| --- | --- | --- |
| 密封性 | 由于框与扇之间的缝隙是固定不变的，仅靠扇轨道槽内装配的毛条与框搭接，没有压紧力，密封性较差，隔音效果较差 | 在关闭锁紧状态，橡胶密封条在框扇密封槽内被压紧并产生弹性变形，形成一个完整密封体系，隔热、保温、密封、隔音性能较好 |

| | 推拉窗 | 平开窗 |
|---|---|---|
| 能耗量 | 因冬季因冷风渗透而散失室内热量增加采暖用能，夏季增加室内热负荷，增加空调耗电 | 由于隔热、保温、密封较好，能源消耗相对同类型推拉窗较少 |
| 通风效果 | 开启最大时仅是窗面积的1/2，通风面积较小 | 在开启状态窗扇能全部打开，通风换气性能较好 |
| | 合理缩小型材截面，节约造价 | 内平开窗扇开启后，会占用室内空间 |
| | 开启灵活，不占空间，工艺简单，不易损坏，维修方便 | 外开时要承受风荷载破坏，扇型材惯性矩要大，五金构件质量要求高 |
| 使用范围 | 各类对通风、密封、保温要求不高的建筑 | 适用于寒冷、炎热地区建筑或对密封、保温有特殊要求的建筑<br>有些地区，高层建筑禁止用外平开窗 |
| 纱窗安装 | 可以用普通纱窗 | 只能使用隐性纱窗 |

➤ 你是否会关注墙体保温隔热?

墙体是建筑外围护结构的主体，其所用材料的保温性能直接影响建筑的耗热量。我国以实心黏土砖为墙体材料，保温性能不能满足设计标准。以外墙为例，《民用建筑节能设计标准》（JGJ 26—1995）规定，在建筑物体形系数（建筑物与室外大气接触的外表面积与其所包围的体积的比值）小于0.3时，北京地区传热系数不超过1.16瓦/(平方米·开尔文)，而目前常用的内抹灰砖墙，传热系数都大于上述节能标准数值。因而在节能的前提下，应进一步推广空心砖墙及其复合墙体技术。同时，顶层的住户需要重点关注屋面保温隔热性能。

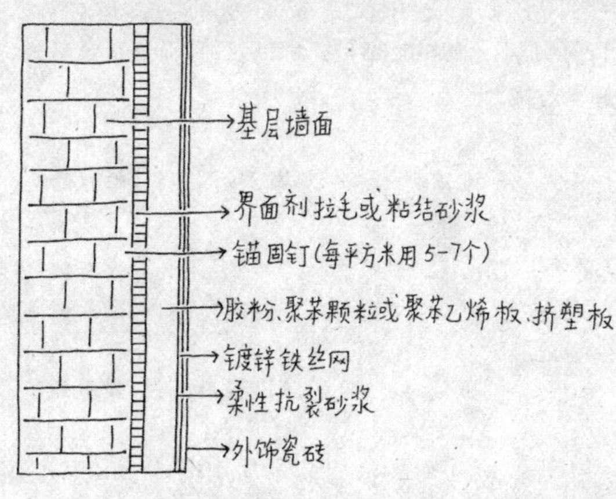


| 基层墙体 | 体形系数S | 保温材料 | 参考厚度/毫米 |
|---|---|---|---|
| 200厚现浇混凝土墙 | $S \leq 0.35$ | 聚苯板（EPS板） | 65 |
| | | 挤塑型聚苯板（XPS板） | 45 |
| | | 硬泡聚氨酯 | 40 |
| | | 机械固定EPS钢丝网架板 | 80 |
| 200厚现浇混凝土墙 | $0.35 < S \leq 0.40$ | 玻璃棉、岩棉 | 70 |
| | | 聚苯板（EPS板） | 85 |
| | | 挤塑型聚苯板（XPS板） | 55 |
| | | 硬泡聚氨酯 | 50 |
| | | 机械固定EPS钢丝网架板 | 105 |
| | | 玻璃棉、岩棉 | 95 |

| 基层墙体 | 体形系数S | 保温材料 | 参考厚度/毫米 |
| --- | --- | --- | --- |
| 190厚轻集料砼小型空心砌块 | S≤0.35 | EPS板/XPS板/聚氨酯 | 60/40/35 |
| | 0.35<S≤0.40 | EPS板/XPS板/聚氨酯 | 80/55/45 |
| 190厚混凝土空心砌块（混凝土多孔砖） | S≤0.35 | EPS板/XPS板/聚氨酯 | 60/40/35 |
| | 0.35<S≤0.40 | EPS板/XPS板/聚氨酯 | 80/55/50 |
| 200厚加气混凝土砌块 | S≤0.35 | EPS板/XPS板/聚氨酯 | 50/35/30 |
| | 0.35<S≤0.40 | EPS板/XPS板/聚氨酯 | 65/45/40 |
| B05级砂加气砌块墙 | S≤0.35 | 250墙体+梁柱表面喷涂聚氨酯 | 35 |
| | 0.35<S≤0.40 | 300墙体+梁柱表面喷涂聚氨酯 | 50 |
| 240厚烧结多孔砖(P型) | S≤0.35 | EPS板/XPS板/聚氨酯 | 60/40/35 |
| | 0.35<S≤0.40 | EPS板/XPS板/聚氨酯 | 75/55/45 |
| 240厚蒸压粉煤灰砖 | S≤0.35 | EPS板/XPS板/聚氨酯 | 60/40/35 |
| | 0.35<S≤0.40 | EPS板/XPS板/聚氨酯 | 75/55/45 |
| 240厚烧结普通页岩砖 | S≤0.35 | EPS板/XPS板/聚氨酯 | 60/40/35 |
| | 0.35<S≤0.40 | EPS板/XPS板/聚氨脂 | 85/55/50 |

# 16. 了解室外遮阳的好处

国外研究表明，建筑物采用外遮阳，可以获得6%～20%的节能效果，如果包括屋顶遮阳，这一比例还会提高。房屋的外遮阳设计，对提高建筑节能性能与舒适性都有深远的意义。就遮挡阳光而言，室外遮阳优于夹层中的窗格（例如双层玻璃中间密封的夹层），而夹层中的窗格又优于室内的百叶窗。

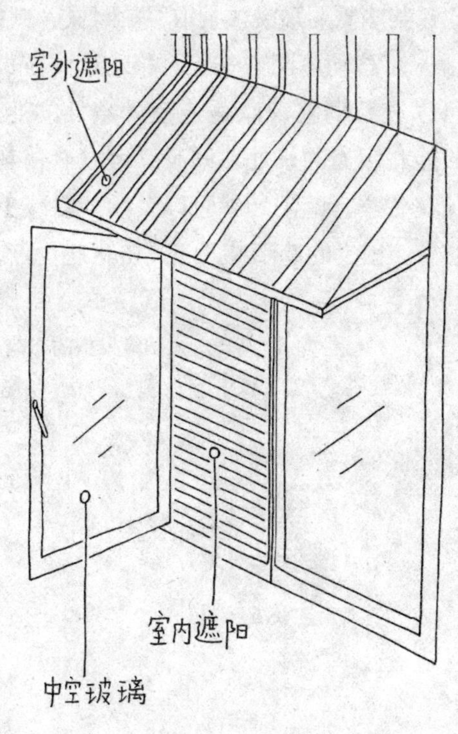


外遮阳的好处就是可以把太阳辐射的90%都挡在外面。室内遮阳装置是阳光中的热量进入室内，只是把光线通过玻璃窗反

射回去，遮阳效果只有50%左右。外遮阳的形式包括：

➤ 固定遮阳方式。水平的固定遮阳装置（例如屋檐），可以非常有效的遮挡南边的窗户。但在太阳高度还不至于抬高室内温度这样的情况下，这样的遮阳方式也有其缺点，因为它在某些需要采集热量取暖的时候，遮挡了有益的阳光。

➤ 可移动遮阳方式。可移动遮阳方式主要有两个优点：它可以进行调整，以适应室外条件的变化，最充分地利用太阳能和阳光的好处，同时又可以遮挡刺眼强光和多余的热量；在冬季，遮阳装置可以关闭，以减少从建筑辐射而损失的热量。固定的遮阳装置不具备这些优点。

遮阳对太阳能采集的影响

| 遮阳的方式 | 太阳能采集系数 |
|---|---|
| 没有遮蔽 | 0.72 |
| 室外悬挂的百叶窗 | 0.11 |
| 夹层白色软百叶窗 | 0.25 |
| 室内白色软百叶窗 | 0.45 |

# 17. 了解小区供暖热源

➤ 集中采暖

集中供暖是人们最熟悉的采暖方式，它技术成熟，安全可靠，使用方便，价格便宜，而且24小时供暖。遗憾的是，大多数住户很难自己控制供暖时间和温度。还有一种集中采暖方式是中央空调采暖方式，分风冷式和水冷式两种。但是成本较高，不适合大多数普通家庭，多用于饭店和高档公寓。

➤ 单户燃气采暖

单户燃气采暖是以户为单位，以燃气锅炉为热源的采暖方式。它安装调试方便，用户可以自行调节温度，燃烧效率高，污染相对较小，供暖的同时可以供应热水。但是燃气锅炉设置的安全性问题、排烟问题等有待解决，另外，由于目前燃气价格较高，燃气采暖的运行费用比集中燃煤供暖系统高。

➤ 蓄能电采暖

利用后半夜廉价低谷电力蓄热，蓄热8小时可以满足全天24小时的采暖需要，热效率达到99%以上。适用于面积不大的房间。但是由于刚刚开始试用，产品质量和技术有待进一步检验。

➤ 地板电采暖

（1）电热系统的特点是热气从地板上传，自下而上，送热柔和，是发达国家流行的采暖方式之一。电热电缆系统，除了用一个温控器作为系统标志外，在地面上别无其他装置，不占地，不挡道，不需其他的任何设施。

（2）地热电缆系统，有一层坚固的外套，可以承受安装和其他机械应力。

（3）由于有多道的严格密封防水措施，安装于混凝土下，没有磨损，不会坏，无须维修。

（4）用户不仅可以节约购买成本，而且由于不需要放置油罐的地方以及专门的供暖房，从而赢得了更多的室内空间。

下面这张表说明，在能源品种相同的前提下，电费所占总成本越低的，能效也越高。

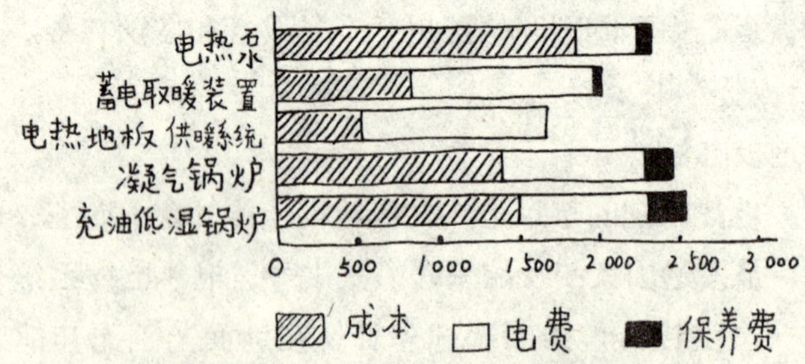

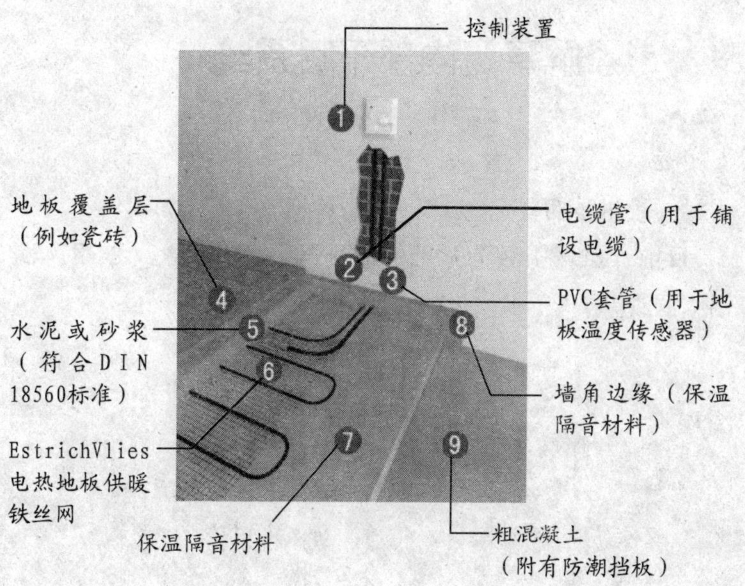


➤ 电热膜采暖

其主体——电热膜是一种通电后能发热的半透明聚酯膜。这种采暖方式一次性投入少、使用寿命长，运行费用介于燃煤与燃气之间，可以自行调节温度，冷热均匀。美中不足的是电热膜升温较慢，一般需要 1 ～1.5小时才能达到18℃左右；另外不能在顶棚钻孔、钉钉子，限制住户装修，而且对住宅的节能性能要求也比较高。

# 18. 了解建筑内部采暖系统

## ➤ 散热器都有哪些

目前，市场上较为常见的散热器主要有铸铁、钢质、铜铝、铜质等类型。

| | 铸铁散热器 | 钢质散热器 |
|---|---|---|
| 优点 | ● 结构简单、防腐性好<br>● 使用寿命长以及热稳定性好 | ● 钢质散热器大多数由薄钢板压制焊接而成，金属耗量少<br>● 钢质板型及柱型散热器最高工作压力达8千克；钢串片的承压能力高达10千克（一般供暖系统的系统压力为5千克以下）<br>● 外形美观整洁、占地小、便于布置 |
| 缺点 | ● 金属耗量大<br>● 内腔不够清洁，对热计量仪表有危害<br>● 不符合节能、环保的要求 | ● 钢制散热器的水容量较少，热稳定性差些<br>● 传热面积小，散热效果相对不佳，节能效果较差<br>● 在供水温度偏低且又采用间歇供暖时，散热效果明显降低<br>● 容易腐蚀，使用寿命比铸铁散热器短 |

## ➤ 选择合适的散热器

（1）若为集中供暖，则需根据小区的水质来做选择，比如，水质含碱量高就不宜采用铝质散热器，宜选用钢质散热器。而水中含氧量较大，就不宜选用钢质的，宜选用内层做过防腐处理的钢质散热器或者是铝质散热器等。

| 铜铝复合散热器 | 铜质散热器 |
| --- | --- |
| ● 对水质要求低，耐腐蚀性好<br>● 容易成形，满足用户对美观的要求<br>● 散热效率高<br>● 属于节能、高效、节材的散热器 | ● 不怕腐蚀且使用寿命更高<br>● 铜的导热性好，散热快，效率高，便于室温调控<br>● 体形紧凑，占空间小，高效，节能<br>● 散热器的铜管及配件在高温下仍能保持原来的形状和强度，也不会有长期老化现象 |
| 市场上有的散热器没有使用铜铝复合材料，仅仅在铝制产品中加入铜管。常见的“瘦高扁片”散热器虽然节省空间，但需要加大水压，限制了一些分户供暖用户的使用 | 价格相对较贵 |

（2）如果所居住的小区为分户供暖，市场上的散热器基本都可选用。

（3）一般情况下铜铝复合和新型铸铁的散热器对水质要求不严。另外，各个房间所用散热器材质最好是相同或相近的，以避免由于不同材质之间产生电化学反应而腐蚀。

➤ 地板辐射采暖

从舒适性上讲，地板辐射采暖是最舒服的采暖方式，其做法是：在地板内埋入热水管线，并通以低温热水均匀加热地板。

优点：室内温度自下而上逐渐递减，让人觉得脚暖头凉，特别舒服。由于散热器埋设在地板下面，还可以为室内增加2%～3%的使用面积。以适量或最少的能耗满足人们的舒适度要求，是较为节能的取暖方式。

缺点：铺装管线需要占用约8厘米的层高。不便于二次装修，维修起来也很麻烦。铺设木地板容易干裂，建议选用地砖或者复合地板。另外出于防水的需要，卫生间最好不铺，借助电暖器取暖。

➤ 散热器恒温控制阀

用户室内的温度控制是通过散热器恒温控制阀来实现的。散热器恒温控制阀是由恒温控制器、流量调节阀以及一对连接件组成，其中恒温控制器的核心部件是传感器单元。恒温阀设定温度可以人为调节，恒温阀会按设定要求自动控制和调节散热器的水量，从而实现室内温度控制的目的。

当然有些小区告诉你安装了热计量设施，可以实现室温可控、可调。你还需要去了解一下小区的供暖形式。真正要实现室温可控，需要的供暖系统应是动态可调的，即随着消费者室内温控阀的开大和关小，系统的供热量应随着需热量的变化而变化。目前一些开发商为了减少投资，只在室内安装了温控阀，而没有在系统中安装动态调节装置，那么温控阀只能控制房间的温度，但不能真正起到节能效果。

➤ 按照热量收取供暖费用是未来的方向

目前，在大多数情况下，因为每年缴纳固定的取暖费，消费者因此缺乏选择节能建筑的积极性，而一味地追求冬季室内温度的提高，这是亟须改变的现象。

现在部分小区试行了按热量收费的方法，这是供热体制改革的方向。这种方法对提高用户节能积极性，实现按需供热有积极的作用。我国供热计量收费制度改革的方向是：对实行集中供热的建筑分步骤实行供热分户计量，按照用热量收费的制度。新建建筑或者对既有建筑进行节能改造，应当按照规定安装用热计量装置、室内温度调控装置和供热系统调控装置。

## 19. 推广能效标识制度

标识制度在国外已有近30年的历史，在建筑能耗标识方面，也有了十几年的实践，像美国的“能源之星”标识，俄罗斯的“能源护照”制度等，都有了多年的历史，并对本国的建筑节能起到了重要的推动作用。国外的经验表明，对于不懂行的消费者来说，能源标识可以帮助他们轻松地识别建筑物的能效水准，在调节室温的费用与此挂钩时，可以方便地作出消费选择。

(1) DENA，德国

从国外建筑能效标识来看，做得比较好的是德国的能效标识，简称DENA。它属于对一个建筑物的能效评估，更加贴近实际能效。因为，如果仅对一个用户进行分析，虽然可以给用户一个数字，但那只是一个理论值，与实际效果的差异会很大，这种方式很可能会成为开发商的炒作工具。

➤ 该体系除了对本建筑物的单位建筑能耗进行整体评估外，还与国家的新建建筑能效标准、既有建筑节能改造能效标准进行参考比较。给消费者一个直观的概念。

➤ 结合建筑物的实际情况，对建筑物的用能需求进行评估。如建筑物没有生活热水，该标识就不考虑生活热水的能效，而标注了实际需要的供暖、空调、照明、通风。给消费者一个更加贴近实际的能效参考值。

(2) 我国的建筑用能公示制度

按照住房和城乡建设部最新发布的《民用建筑节能信息公示办法》要求，建设单位在房屋施工、销售现场，按照建筑类型及其所处气候区域的建筑节能标准，根据审核通过的施工图设计文件，把民用建筑的节能性能、节能措施、保护要求以张贴、载明等方式予以明示的活动。

➤ 房屋买卖合同应包括建筑节能专项内容，由当事人双方对节能性能、节能措施作出承诺性约定。

➤ 住宅质量保证书应对节能措施的保修期作出明确规定。

➤ 住宅使用说明书应对围护结构保温工程的保护要求，门窗、采暖空调、通风照明等设施设备的使用注意事项作出明确规定。

**施工、销售现场公示内容**

<table>
<tr><td>建设单位</td><td colspan="3"></td></tr>
<tr><td>项目名称</td><td colspan="3"></td></tr>
<tr><td rowspan="6">围护结构</td><td>墙体</td><td>传热系数［瓦/(平方米·开尔文)］/保温材料层厚度(毫米)</td><td></td></tr>
<tr><td>屋面</td><td>传热系数［瓦/(平方米·开尔文)］/保温材料层厚度(毫米)</td><td></td></tr>
<tr><td>地面</td><td>传热系数［瓦/(平方米·开尔文)］/保温材料层厚度(毫米)</td><td></td></tr>
<tr><td rowspan="3">门窗</td><td>传热系数</td><td></td></tr>
<tr><td>综合遮阳系数</td><td></td></tr>
<tr><td>节能性能标识</td><td></td></tr>
</table>

| | | |
|---|---|---|
| 供热系统 | 室内采暖形式 | |
| | 热计量方式 | |
| | 系统调节装置 | |
| 空调系统 | 冷热源机组类型 | |
| | 能效比 | |
| 热水利用 | 供应方式 | |
| | 用能类型 | |
| 照明 | 照度 | |
| | 功率密度 | |
| 可再生能源利用 | 利用形式 | |
| | 保证率 | |
| 建筑能源利用效率 | 本建筑的节能率与建筑节能标准比较情况 | |

除了公示内容，购房者也可以向开发商了解更多的节能信息。

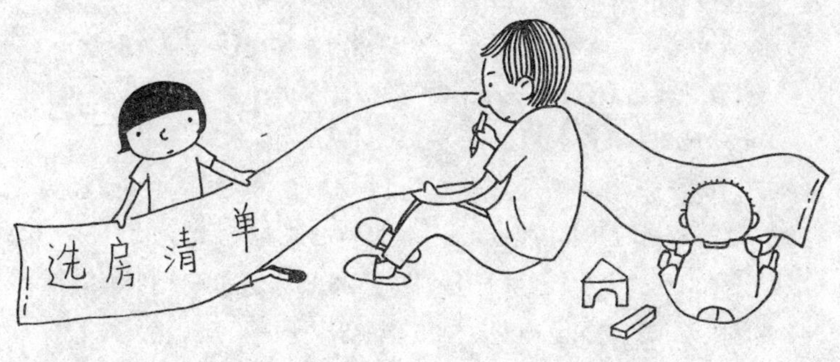


一、围护结构保温（隔热）、遮阳设施

（一）墙体

1. 保温形式[ ] [A 外保温] [B 内保温] [C 夹芯保温] [D 其他]

2. 保温材料名称[ ] [A 挤塑聚苯乙烯发泡板] [B 模塑聚苯乙烯发泡板] [C 聚氨酯发泡] [D 岩棉] [E 玻璃棉毡] [F 保温浆料] [G 其他]

3. 保温材料性能：密度[ 千克/立方米]、燃烧性能[ 小时]、导热系数[ 瓦/(平方米·开尔文)]、保温材料层厚度[ 毫米]

4. 墙体传热系数[ 瓦/(平方米·开尔文)]

（二）屋面

1. 保温（隔热）形式[ ] [A 坡屋顶] [B 平屋顶] [C 坡屋顶、平屋顶混合] [D 有架空屋面板] [E 保温层与防水层倒置] [F 其他]

2. 保温材料名称[ ] [A 挤塑聚苯乙烯发泡板] [B 聚氨酯

发泡][C 加气砼砌块][D 憎水珍珠岩] [F 其他]

3.保温材料性能：密度[ 千克/立方米]、导热系数[ 瓦/(平方米·开尔文)]、吸水率[ %]、保温材料层厚度[ 毫米]

4.屋顶传热系数[ 瓦/(平方米·开尔文)]

(三)地面（楼面）

1.保温形式[ ][ ] [A 采暖区不采暖地下室顶板保温] [B 采暖区过街楼面保温] [C 底层地面保温][D 其他]

2.保温材料名称[ ] [A 挤塑聚苯乙烯发泡板] [B 模箱聚苯乙烯发泡板][C 聚氨酯发泡] [D 其他]

3.保温材料性能：密度[ 千克/立方米]、导热系数[ 瓦/(平方米·开尔文)]、保温材料层厚度[ 毫米]

4.地面（楼面）传热系数[ 瓦/(平方米·开尔文)]

（四）外门窗（幕墙）

1.门窗类型 [ 、 ][ 、 ][ 、 ][ 、 ] [A 断热桥铝合金中空玻璃窗][B 断热桥铝合金Low-E中空玻璃窗][C 塑钢中空玻璃窗][D 塑钢Low-E中空玻璃窗][E 塑钢单层玻璃窗][F 其他]

2.外遮阳形式：[ 、 ] [A 水平百叶遮阳][B 水平挡板遮阳] [C 垂直百叶遮阳][D 垂直挡板遮阳] [E 垂直卷帘遮阳]

3.内遮阳材料 [ ][A 金属百叶][B 无纺布][C 线布][D 纱] [E 竹帘] [F 其他]

4.门窗性能：传热系数[ 瓦/(平方米·开尔文)]、遮阳系数[ %]、可见光透射比[ ]、气密性能[ ]

二、供热采暖系统及其节能设施

1.供热方式：[ ][A 城市热力集中供热] [B 区域锅炉房集中供热] [C 分户独立热源供热] [D 热电厂余热供热]

2.室内采暖方式：[ ][A 散热器供暖][B 地面辐射供

暖] [C 其他]

3. 室内采暖系统形式：[　　　] [A 垂直双管系统] [B 水平双管系统] [C 带跨越管的垂直单管系统] [D 带跨越管的水平单管系统] [E 地面辐射供暖系统] [F 其他系统]

4. 热量分摊（计量）方法：[　　　] [A 户用热计量表法] [B 热分配计法] [C 温度法] [D 楼栋热量表法] [E 其他]

三、空调、通风、照明系统及其节能设施

1. 空调冷热源类型及供冷方式：[　　　] [　　　] [A 压缩式冷水（热泵）机组] [B 吸收式冷水机组] [C 分体式房间空调器] [D 多联机] [E 其他] [F 区域集中供冷] [G 独立冷热源集中供冷]

2. 照明系统性能：照度值[　　　]、功率密度值[　　　]

3. 节能灯具类型：[　　　] [A 普通荧光灯] [B T8级] [C T5级] [D LED] [E 其他]

4. 生活热水系统的形式和热源：[　　　] [A 集中式] [B 分散式] [C 电] [D 蒸汽] [E 燃气] [F 太阳能] [G 其他]

**四、可再生能源利用**

1. 太阳能利用：[　　　] [A 太阳能生活热水供应] [B 太阳能采暖] [C 太阳能空调制冷] [D 太阳能光伏发电] [E 其他]

2. 地源热泵：[　　　] [A 土壤源热泵] [B 浅层地下水源热泵] [C 地表水源热泵] [D 污水水源热泵]

3. 风能利用：[　　　] [A 风能发电] [B 其他]

4. 余热利用：[　　　] [A 利用余热制备生活热水采暖] [B 利用余热制备采暖热水] [C 利用余热制备空调热水] [D 利用余热加热（冷却）新风]

五、建筑能耗与能源利用效率

1. 当地节能建筑单位建筑面积年度能源消耗量指标：采暖

[　　]瓦/平方米，制冷[　　] 瓦/平方米

2. 本建筑单位建筑面积年度能源消耗量指标：采暖[　　]瓦/平方米、制冷[　　]瓦/平方米

3. 本建筑物用能系统效率：热（冷）源效率[　　%]、管网输送效率[　　%]

4. 本建筑与建筑节能标准比较：[　　][A 优于标准规定][B 满足标准规定][C 不符合标准规定]

# 第三篇

# 家居节能

# 20. 不同的家庭装修理念

虽然公众在选择节能住宅时还不能像一些发达国家那样，通过标识轻易辨识。但是，在给住房选择电器时，就方便得多，因为我们的家用电器已经普遍采用了能源标识系统，方便消费者一眼识别电器的能源效率。

- 节能消费：购买节能产品，使用可循环使用的产品。
- 精明消费：购买物美价廉的产品，不考虑是否节能和回收。
- 奢侈消费：购买时尚流行的产品，不考虑是否节能和回收。

# 21. 减少待机能耗

家用电器关机了就不费电了吗？事实上，电器在关机或者不使用原始功能的时候仍然会消耗不少电能，我们称之为“待机能耗”。我们在日常工作和生活中接触到的几乎所有电器都有待机能耗。中国节能认证中心在调查后发现，我国城市家庭的平均待机能耗相当于这些家庭每天都在使用着一盏15瓦到30瓦的长明灯，占城市家庭用电量的10%。仅彩色电视机一项，一年下来就浪费电力几百亿千瓦时！相当于十几个大型火电厂白白发电。

部分电器待机能耗

| 待机能耗产品 | 平均待机能耗/(瓦/台) | 待机能耗产品 | 平均待机能耗/(瓦/台) |
|---|---|---|---|
| 空调 | 3.47 | 洗衣机 | 2.46 |
| 电脑主机 | 35.07 | 抽油烟机 | 6.06 |
| 电脑显示器 | 7.09 | 电饭煲 | 19.82 |
| 传真机 | 5.70 | 彩色电视机 | 8.07 |
| 打印机 | 9.08 | 录像机 | 10.10 |
| 手机充电器 | 1.34 | DVD播放机 | 13.17 |
| 电冰箱 | 4.09 | VCD播放机 | 10.97 |
| 微波炉 | 2.78 | 音响功放 | 12.35 |

## 22. 选择节能照明设施

➤ 优先使用自然光。一般场合下，人的眼睛最适合自然光，而且自然光的显色性是所有光源中最好的，且取之不尽，用之不绝。优先使用自然光不但可以减少人工照明，节约用电，而且对人的身心健康有益。

➤ 结合天然采光和采光需求布置照明设施，如靠近窗户和远离窗户的照明光源最好能分开控制；采光照明和装饰照明也最好能分开控制。有的消费者希望长明灯，我们建议选择低能耗的LED灯来辅助照明。

➤ 选用节能电光源。适合的电光源应能满足使用场所的照明需求，具有更高的光效，保证节能和环保效果，合适的色温；稳定的发光，包括频闪、电压波动、光能量变化等；良好的启动性能；寿命长等特点。用紧凑型荧光灯替代白炽灯。紧凑型荧光灯的镇流器与灯管组成一体，且制成与白炽灯相对应的螺口灯头，在亮度相同的情况下，可节电70%～80%，且具有多种色温可供选择，因此可直接替代白炽灯。

➤ 选择合适的镇流器。选用电子、节能型电感镇流器。以36瓦荧光灯为例，电子镇流器、节能型电感镇流器自身功耗可降低50%，具有功率因数高，光效高等优点，且性价比好，完全可以替代传统电感镇流器。

## 23. 选择节能空调

➤ 选用能效比高的空调。目前国家要求厂家在销售空调前标注能效比。能效比是空调制冷量与制冷消耗能力的比值，在能效标识上标注的就是空调的能效比。

➤ 选用变频空调。简单地说，变频空调就是在常规空调的结构上增加了一个变频器。千万别小看这个小东西，就是它有效地控制了空调的心脏——压缩机的转速，从而使变频空调比常规空调节能20%～30%。变频空调的制冷、制热速度比常规空调快1～2倍，启动电流却只有常规空调的1/7，噪声特别低，而且克服了常规空调忽冷忽热的毛病。目前市场上变频空调的价格要比常规空调高，但是如果每年使用空调超过4个月，每天开机时间在3小时以上的话，高出部分的投资1～2年就可以收回。

➤ 了解一下家用中央空调，也可称为户式家用空调，是一种适合于家用的独立空调系统，在制冷方式和基本结构上，它类似于大型中央空调，是由一台主机通过风管或水管加末端，将冷暖气送到不同区域，实现对房间温度调节的目的。如果安装家用中央空调，则外墙只需安装一个主机（大小与普通家用空调主机相当），房间内则只在隐蔽处安装通风口就可以了。

| | 户式中央空调 | 变频空调 | 普通空调 |
|---|---|---|---|
| 新风引入 | 向居室内补充足够的、适量的户外新鲜空气 | 多数没有新风引入功能 | 多数没有新风引入功能 |
| 能耗指标 | 较高 | 最低 | 较低 |
| 室内舒适度 | 温度均匀，波动小，舒适度好 | 温度均匀，波动小，舒适度较好 | 温度相对不均匀，有波动 |
| 价格 | 较贵，每平方米200～300元 | 较贵，单台价格在5 000～6 000元 | 最低，单台价格在2 000～4 000元 |
| 适用范围 | 适合经济条件较好，室内房间比较多，舒适要求较高的 | 舒适度要求较高，使用时间较长的 | 对室内舒适度要求不高，或者使用时间不长的 |

小提示：户用中央空调省钱办法

对房间较多如复式房或别墅的业主来说，户用中央空调通过不同功能区或房间布置不同室内机，并通过智能控制手段实现按需制冷，可以获得意想不到的节能效果。通过估算，可一般比家用空调省电30%左右。

➤ 注意空调的制冷或制热范围，范围越大节电能力越强。

➤ 选用能效标识为1级或2级的产品。

➤ 尽量把空调装在背阴的房间或房间的背阴面，避免阳光直射空调。

不少家庭心疼分体式空调的室外机每天日晒雨淋，就给它装了一个遮篷。其实大可不必担心，室外机的电气部分都是按照防水要求设计的，遮篷反而在室外机周围形成一个高热小环境，不仅大大降低散热效果，严重时甚至可能导致过热而停机。

➤ 分体式空调室内外机组之间的连接管越短越好，同时尽量减少弯曲。

# 24. 采购节能产品和节能材料

财政部定期更新并公布节能产品政府采购清单，消费者在选择电器设备时可以参考。现行的《节能产品政府采购清单》包含节能产品和节水产品两大部分，可以从中国政府采购网（http://www.ccgp.gov.cn/）链接。

节能产品：空调机、冰箱、普通照明用双端荧光灯、普通照明用自镇流荧光灯、高压钠灯、单端荧光灯、高压钠灯电子镇流器、管形荧光灯镇流器、电视机、电热水器、电力金具、中小型三相异步电动机、计算机、打印机、传真机、显示器、复印机、电源适配器、三相配电变压器。

节水产品：便器、水嘴、便器冲洗阀、水箱配件。

## 认识一下能效标识

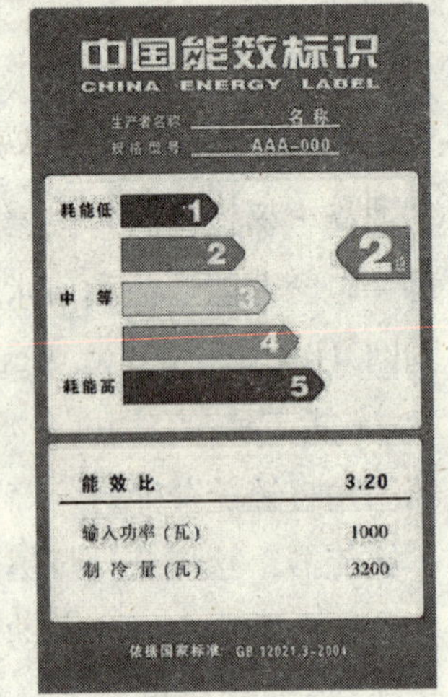


能效标识直观地向消费者表示了家电产品的能效等级，而能效等级是判断家电产品是否节能的最重要指标。以冰箱能效标识为例，冰箱的能效分1、2、3、4、5共五个等级。等级1表示产品达到国际先进水平，最节电；等级2表示比较节电；等级3表示产品能效为我国市场平均水平；等级4表示产品能效低于市场平均水平；等级5表示未来要淘汰的高耗能产品。

能效标识为背部有黏性的，顶部标有“中国能效标识”（CHINA ENERGY LABEL）字样的彩色标签，一般贴在产品的正面面板上。冰箱能效标识的信息内容包括产品的生产者、型号、能效等级、24小时耗电量、各间室容积、依据的国家标准号。

# 25. 选择节水器具

从广义来看，节水也属于节约能源的范畴。水也可以作为一种能源。从节水来看，消费者可以从选择节水型器具开始。

➤ 选用节水马桶。如果条件可以，请选用新型的节水马桶，节水效率可过30%。

➤ 现在的住房卫生间都比较大，有空间安装男用小便器，可达到很好的节水效果。

➤ 将老式旋转式水龙头换成节水龙头，选择节水龙头关键是看打开及关闭的速度。

# 26. 选购节水型洗衣机

洗衣机给生活带来了便利，但洗衣机在工作的过程中会消耗大量的水和一定量的电。假定一台洗衣机的额定洗衣量为2千克，额定水量为40升，功率为300瓦，平均每天用0.5小时（0.5小时包括洗涤15分钟和漂洗3次，每次5分钟），则每月消耗的水量为4.8立方米，每月消耗的电量为4.5千瓦时。

2004年颁布的国家强制性标准GB 12021.4—2004《电动洗衣机能耗限定值及能源效率等级》给出了洗衣机产品能效高低的评价方法，分成1、2、3、4、5五个等级，1级最节能，5级为市场准入门槛，低于5级的产品不允许销售。每个等级同时对洗净比、节能性能、节水性能提出要求，避免仅仅考核一个节能指标、忽视节水性能的漏洞。2006年9月，国家发展改革委、国家质检总局、国家认监委发布公告，根据该标准于2007年3月1日开始对洗衣机实施强制性国家能效标识，洗衣机产品上将粘贴能效等级标识，以鼓励消费者选择高等级、节能型产品。

对于老百姓来说，选择符合节能标准的洗衣机不仅可以节省水费、电费开支，在当前城市用水用电极度紧张的情况下，也可以为节能作出自己的贡献。目前中国家庭的洗衣机保有量大约为1.7亿台，如果都参照国家的节能标准，将节省近一半的水和电能。按照额定洗衣量为2千克的洗衣机保守计算，节能的潜力大概是：一年的节水量大概在51亿立方米左右，等同于间接节电85亿千瓦时；节电量大约在42.5亿千瓦时。总节电量达到127.5亿千瓦时，相当于节省472万吨标准煤，减排温室气体1 275万吨的环境效果。

目前，一些洗衣机增加了烘干功能。一般的滚筒洗衣机烘干容量约为洗涤容量的50%，而现在最新型滚筒洗衣机的烘干容量达到了洗涤容量的75%。

烘干功能需要消耗电能。从节能角度考虑，在条件许可的情况下，建议多利用太阳光或风干衣物。自然晾干衣服的方法不仅有利于衣服的彻底干燥，而且可以应用太阳光的紫外线进行杀菌。

三类洗衣机的比较

| | 涡轮式洗衣机 | 滚筒式洗衣机 | 搅拌式洗衣机 |
|---|---|---|---|
| 洗净度 | 大于0.70 | 大于0.70 | 大于0.75，洗净均匀性好 |
| 磨损率 | 小于0.15% | 小于0.10% | 小于0.15% |
| 耗水量 | 耗水量较大（150升左右），但耗电量较小 | 耗电量最大，但其耗水量最小（70升左右） | 耗水量较大（150升左右），但耗电量较小 |
| 价格 | 1 000~2 000元 | 3 000元 | 2 000元 |

关注洗衣机的智能控制功能

目前，随着信息技术的发展，市场上出现了更加人性化的洗衣机，比如增加了不同衣物类型的洗衣模式，同时可以分步骤进行水量和时间调节。这些功能在方便消费者使用的同时，也可以有效地减少水和电的浪费。

# 27. 太阳能利用

（1）太阳能热水器

太阳能是不新的新能源，取之不尽，用之不竭。每平方米的太阳能集热器可以节能0.15吨标准煤，减少温室气体排放400千克。如果每个家庭安装2平方米的太阳能热水器，便可以满足全年70%的生活热水需要。目前在我国很多地区，已经把安装太阳能热水器作为建设社会主义新农村的重要措施之一。如果我国城乡有50%的家庭使用太阳能热水器，总的安装量就可以达到3.73亿平方米，相当于节能5 600万吨标准煤，减少温室气体排放12 000万吨。

（2）太阳能供暖

近年来，用于生活热水用途的太阳能集热器的不断增加证明了太阳加热系统的成熟和可靠。受太阳能热水系统成功应用的启发，越来越多的人考虑将太阳能用于供暖中。太阳加热系统与短期蓄热的结合、建筑供暖能耗的不断下降已经使人们能够接受在建筑中采用太阳能供暖系统的经济性能。一座农村住宅使用被动式太阳能供暖，每年可节能约0.8吨标准煤，相应减排二氧化碳2.1吨。如果我国农村每年有10%的新建房屋使用被动式太阳能供暖，全国可节能约120万吨标准煤，减排二氧化碳308.4万吨。

目前，市场上出现了太阳能空调等太阳能利用新技术。

# 28. 南方冬天哪种取暖方式更节能

以表格方式进行对比说明：

| | 空调 | 电暖器 |
|---|---|---|
| 原理 | 需电机推动空气循环而消耗电能，也因为空气循环了热空气充满整个屋子，对热空气的利用率较低 | 电暖气采用电能加热转化为热能，采用对流方式传递 |
| 制热效果 | 好 | 一般 |
| 效果 | 热得快，气流舒服<br>随着温度范围变化，间歇性工作<br>局部加热效果差 | 升温较慢<br>始终在耗额定功率连续工作<br>局部加热效果好 |
| 可控性 | 温度易控而且均匀，房间感觉比较舒适 | 温度不均匀，干燥 |
| 节能效果 | 能效COP>1 | 能效COP<1 |
| 噪声 | 较大 | 较小 |
| 价格 | 较贵 | 较便宜 |

# 29. 选择恰当的窗帘

尽量选择布质厚密、隔热保暖效果好的窗帘。提倡在装修时采用把窗户盖严的短窗帘，如果还设一层百叶窗帘，则保温效果更佳。窗帘及百叶窗帘设置方法不同时，窗的耗热量比例存在很大差异，用短窗帘加上百叶窗帘，可以减少耗热量30%左右。

➤ 百叶窗帘的主要优点：可以根据需要任意调整光线，使室内环境达到和谐统一；通风透气比较简单；这些比较灵活的窗帘，造型丰富，可选择的图案也很多；带有隔热涂层的金属百叶帘以及内含隔热材质的织物类百叶帘通常具有相当好的隔热效果；便于日常清洁，比较适合简洁的居室空间；镁铝合金百叶帘具有很强的防水、防腐功能，也很好打理。

➤ 遮光帘，可以反射紫外线，很节能，目前很多人在装修的时候选择它。遮光帘对于西向、东向、南向的房子在夏季时有重要节能作用。但是遮光布大多同布艺窗帘缝制或粘贴在一起，很少独立成帘。因为遮光布本身比较轻薄，如果不跟着布帘拉拽就不方便，无垂感，对于遮光效果也会有所影响。

➤ 不同朝向，选择不同的窗帘

**东窗**：选择百叶帘和垂直帘。东边房间窗户的光线总是伴随着早晨太阳升起而射入，所以能迅速地聚集大量光线，气温由夜晚的凉爽快速地转为较高的温度，热能也会通过窗户金属边框迅速扩散开来。东窗窗帘需要适应快速变化的温度。

南窗：选择日夜帘，防止大量紫外线。南边的窗户一年四季都有充足的光线，是房间最重要的自然光来源。选择窗帘时，要能防晒、防紫外线，能将光线散发开来，有助于保护室内家具。如果你喜欢的是布艺窗帘，则一定要考虑纱帘和遮光帘的搭配使用。白天的时候，展开纱帘，不仅能透光，将强烈的日光转变成柔和的光线，还能观赏到外面的景色；拉起遮光帘，强遮光性和强隐秘性让主人在白天也能享受到漆黑夜晚。

西窗：百叶帘或布艺窗帘。西晒使房间温度增高，尤其是炎热的夏天，窗户应经常关闭，或予以遮挡，所以应尽量选用能将光源扩散和阻隔紫外线的窗帘。

北窗：百叶帘或布艺窗帘。北向的窗户透过的光线十分均匀和明亮，百叶帘或质垂直帘和透光效果好的布艺窗帘，都是较好的选择。

小提示：冬天利用太阳能，夏天减少太阳能对房间的增温作用

夏天上班的时候就架上百叶窗或挡上遮光帘，晚上下班时，房间就不会很热。

冬天时候，相反，晚上下班时，房间就不会很冷。

# 30. 不要随意更换散热器

➤ 对于分户供暖系统，此时可以更换散热器。而对于集中供暖系统，则不宜随意更换。盲目追求美观，很可能会对自家及左邻右舍的供暖，甚至人身安全造成影响。如果一定要更换，必须由正规专业的人员操作。

➤ 更换散热器最好在供暖期前。更换散热器应在装修前或刚刚开始装修时，因为散热器都是定制产品，根据品牌不同，定货周期在30～40天。而且，在墙面装修前应将散热器拆下来，并根据新散热器尺寸定好相应位置。

➤ 要尽量详细地从物业处了解自家散热器所连接的系统情况，比如系统水质、非供暖期是否采用暖水保养方式，以及系统对散热器的其他具体要求等。

➤ 记录原有散热器的大小，尽量根据原散热器的散热量选择散热器大小；若无法获得原散热量，则需根据自家房屋大小、朝向、楼层及窗户大小等因素估算。

# 31. 节能装修小窍门

（1）节能门窗的安装。要特别注意选用符合所在地区标准的节能门窗，使气密、水密、隔声、保温、隔热等主要物理指标达到规定要求。安装密闭效果好的防盗门，在外门窗口加装密封条。在定制或加工防盗门时，可要求在门腔内填充玻璃面或矿棉等防火保温材料，这样既节能又保温。

（2）巧装天花板。在装修天花板吊顶时，特别是顶层可在吊顶纸面石膏板上放置保温材料，提高保温隔热性能。

（3）地板保温。铺设木地板时，可以在板下铺设矿棉板、阻燃型泡沫材料等保温材料。

（4）合理布线。合理设计墙面插座，尽量减少连线插板，不宜频繁插拔的插座可以选择有控制开关的。

（5）尽量不设暖气罩。如果住户很想安设暖气罩，一要不影响通过散热器的空气对流，二要不妨碍散热器表面向室内的热辐射。具体来说，在暖气罩下部或侧面沿地面附近应留出5～10厘米的空隙，在暖气罩正面沿上板下沿，也应留出相同宽度的长条空隙，以便形成空气对流；在暖气罩与墙壁之间不应留有间隙，避免向上流动的空气携带的灰尘，污染墙壁。与此同时，暖气罩正面留出稍大一些的空隙，位置与散热器相同，面积略大于散热器，以免妨碍散热器表面向室内的热辐射，可以用铁丝网或细木条网在此处做部分遮挡。

请把需要购置的电器、用水器具及待机能耗整理一下

| 电器设备 | | 用水器具 | |
|---|---|---|---|
| 待机能耗 | | 控制方式 | |
| 是否参考节能采购清单 | | 是否参考节能采购清单 | |

空调设计

| 空调房间 | | |
|---|---|---|
| 使用时间 | | |
| 使用面积 | | |
| 选择空调类型 | | |
| 能效比/等级 | | |

洗衣机选择

| 使用周期 | | 使用量 | |
|---|---|---|---|
| 选择的洗衣机类型 | | 是否需要烘干 | |

照明设计

- 优先使用自然光
- 结合天然采光和采光需求布置照明设施
- 选用节能电光源

太阳能利用

- 物业是否允许安装太阳能热水系统
- 热水使用量
- 选择的厂家

室内遮阳

| 朝向 | 东 | 南 | 西 | 北 |
|---|---|---|---|---|
| 类型 | | | | |

取暖方式

- 是否需要更换散热器
- 综合布线设计
- 更换节能门窗
- 天花板保温
- 地板保温
- 尽量不设暖气罩

# 32. 空调节能运行

开空调时一定要关闭门窗，空调房间不要频繁开门。

使用空调的房间最好挂一层较厚的窗帘，阻止室内外冷热空气交流。

出风角度要调好。冷空气容易下沉，热气流恰恰相反，所以，制冷时导风板水平，制热时导风板向下，效果较好。

经常清洗过滤网。太多的灰尘会塞住网孔，让空调消耗更大。

夏季制冷温度不要设得太低，26～27℃即可，26℃以下是空调耗能的低效率区。

空调开机时耗电量很大，因此不要频繁开机。

不要从早到晚一直开着空调，早晨气温较低时可以停一停，打开门窗通风换气，既省电又调节室内空气。

睡觉时将空调设置到睡眠开关挡，可以节电20%。

把空调房间的白炽灯换成节能灯。白炽灯耗电的90%是用来产生热量的，在空调房中使用白炽灯就好比在冰箱中放了一盆炭火，大大增加空调制冷负担。

只用遥控器并没有真正关闭空调，还有8瓦左右甚至高达30瓦的待机功耗，所以空调长期不用时，要彻底拔掉插头或者关闭插线板的开关。

出门前30分钟提前关闭空调，节省电能。

# 33. 冰箱节能运行

把冰箱摆放在温度低、通风良好的地方，避免阳光直射。冰箱左右两侧及背部都要留有适当空间，以利于散热。

尽量减少打开冰箱门的次数，放入或取出食物动作要快。

放在冷冻室的食物食用前可以先转移到冷藏室逐渐融化，以便使冷量转移到冷藏室，节省电能。

水果、蔬菜等水分较多的食品应该洗净沥干后用塑料袋包好放入冰箱，以免水分蒸发加厚霜层。

冰箱的冷凝器要经常打扫，以保证冷凝效果。

冰箱存放食物要适量。不要过多过紧，特别是方形包装的

食品更是不能摆满，食物之间要留有一点间隙，以利于空气流通。

不要把热饭、热水直接放入冰箱，应先放凉一段时间后再放入。

根据存放的食物选择恰当的箱内温度。鲜肉、鲜鱼的冷藏温度是－1℃左右；鸡蛋、牛奶的冷藏温度是3℃左右；蔬菜、水果的冷藏温度是5℃左右。

保持冰室内清洁，及时除霜，一般霜厚超过6毫米就应该除霜。化霜最好在放食物时进行，以减少开门次数；除霜后要先干燥，否则又会立即结霜。

夏天制作冰块和冷饮尽量安排在晚间，晚间气温低，有利于冷凝器散热。

# 34. 充分利用免费能源

通常将室内对自然光的利用，称为“采光”。自然采光，可以节约能源，并且在视觉上更为习惯和舒适，心理上更能与自然接近、协调。随着现代技术的进步和新材料的不断出现，使用自然采光的方法与手段日益丰富。在创造室内光环境效果的工作中，应力求光与构件充分地结合，使空间的层次得到有力地表现，室内环境的结构与形式得到清楚的

表达，提供给人以积极的信息，削减消极的信息。运用层次、对比、扬抑、节奏等技法对光进行构图，力求赋予光以均衡、稳定的秩序，达到室内环境的美观与视觉舒适性。但是不当的处理有可能导致光环境的呆板、乏味，破坏室内空间；或者导致光环境杂乱与无序，破坏室内空间的统一与协调，这就要求在针对光环境的设计的时候把握一定的规律与技法。

建筑物由于内部存在大量热源，如人体、办公或家用电器、照明等，在使用时会产生大量热量，从而导致温度升高。在过渡季节可利用室外的冷空气来满足全部或部分制冷需要，从而减少人工制冷所需要的能源。这种冷却方法也称为“免费能源”，在实践中被证明非常有效。

# 35. 随手关灯的窍门

“随手关灯，节约用电”主要针对白炽灯而言。节能灯开灯时的瞬时高电压是正常电压的2倍，同时，开灯时的耗电量是正常使用时的3倍。频繁开灯特别容易损坏节能灯。通常，每开一次节能灯，灯的使用寿命大约降低3小时，一只节能灯的正常开关次数为1万次。

同时由于节能灯开灯后5分钟以上才会发光稳定，因此对于节能灯，应在离开房间10分钟以上时随手关灯，而不能像对待白炽灯一样频繁开关。

节能灯不适合频繁开关，也不可以调光，使很多单位保留白炽灯。目前市场上推出了全新的创新产品，卤素节能灯。卤素节能灯兼具白炽灯的优势——100%显色性、可调光、100%瞬时启动，可频繁开关而不影响寿命，同时又具有寿命长、节能率高、无频闪。卤素节能灯可以直接替换白炽灯。

# 36. 家庭节水

**马桶**　安装可以控制出水量的马桶配件；没安装节水配件的马桶可以在水箱里放一个装满水的可乐瓶或盐水瓶，减少冲洗水量。

不要把烟灰、剩饭、废纸等倒入马桶，冲掉它们要浪费好几箱水，还有可能堵塞管道。

**水龙头**　停电停水后，要拧紧水龙头。

**洗漱**　正确用流水洗手。在特殊情况下，必须用流水洗手时，正确的洗手步骤：先小水把手沾湿后—关闭水龙头—涂抹肥皂—双手搓揉—开小水冲洗—关闭水龙头。

刷牙用口杯，洗脸、洗脚用盆。勤开勤关水龙头，用则开，不用则关。

**洗菜** 不要直接在水龙头下洗菜，尽量用盆洗菜。先抖掉菜上的浮土，之后再洗。

**洗碗** 自动洗碗机里装满要洗的器皿才使用。

如果不用洗碗机，也不要直接用水冲洗，应该放适量的水在洗涤槽内洗，以减少流失。

**冲厕** 冲洗马桶用水来源广，收集洗衣、洗菜、洗澡水等冲洗马桶。

海水冲厕是节约淡水的好办法。对一些沿海城市或岛屿，特别是在海边建设的住宅小区，建设一套用海水冲洗厕所的独立供排水系统，节约大量的淡水资源。

**淘米水** 淘米水可以用来洗碗、洗菜和浇花。将瓜果蔬菜放在淘米水中浸泡几分钟，可以去除大部分甚至全部毒性。

## 中国终端能效项目简介

由国家发展和改革委员会（NDRC）、联合国开发计划署（UNDP）、全球环境基金会（GEF）共同启动的中国终端能源效率项目（简称EUEEP）旨在帮助中国在主要耗能部门（建筑和工业）克服能源利用效率的障碍，促进能源利用效率水平的提高，支持中国建立一个可持续的、基于市场的提高能效的机制，培育综合有效的节能政策法规体系，加强中国在市场经济体制下推动节能的能力，有利于我国“十一五”期间节能减排目标的实现，有助于减少温室气体排放，改善全球环境。

该项目为期12年，分4期执行，第一期为3年。项目一期获得全球环境基金（GEF）赠款1 700万美元和中国政府及企业的配套资金6 300万美元支持。通过各种途径要实现累计节能1 900万吨标准煤，累计减少碳排放约1 200万吨（相当于4 200万吨以上的$CO_2$）。如成功实施为期12年的中国终端能效项目，将累计减少7 600万吨碳排放（相当于减少排放27 900万吨$CO_2$）。

在住房和城乡建设部的大力支持下，北京节能环保中心和北京立升茂科技有限公司承担了该项目B26活动，即开展可持续性的提高公众建筑节能意识的宣传活动。拟在试点城市从多个层面，利用电视、网络、出版等多种媒体，通过新闻、宣传片、报告会、出版物、社区宣传、社区活动等多种形式，普及日常生活中的节能知识，吸引公众注意力，调动公众参与建筑节能的积极性，加强公众建筑节能意识。为此，我们设计并实施了一系列的活动支持政府机构节能宣传工作。